科学探秘
培养儿童科学基础素养

U0159369

了解摩擦力
雪橇比赛谁第一

温会会 / 文　曾平 / 绘

浙江摄影出版社
全国百佳图书出版单位

雪橇村要举行一场激烈的选拔比赛，谁获得第一名，谁就可以在新年里给孩子们送礼物。

3

"沙沙沙……"伴随着踩雪声，天还没亮，参赛者纷纷来到雪地里，为比赛做准备。观众们也陆续赶来了，村里弥漫着紧张的气氛。

　　瞧，大眼镜爷爷、大鼻子爷爷、大脚丫爷爷正在装礼物。他们要把各种各样的礼物装进大袋子里，再搬到雪橇上。

　　"嗨哟！嗨哟！"

哇，大眼镜爷爷率先完成了。他在装满礼物的大袋子外，套了一个光滑的塑料袋。

"光滑的塑料袋可以减少摩擦力，拖起来顺畅多了！"大眼镜爷爷笑着说。

准备完毕，比赛正式开始。

雪地上，大眼镜爷爷、大鼻子爷爷和大脚丫
爷爷驾着雪橇车，齐刷刷地出发啦！

"驯鹿，快跑！"大眼镜爷爷喊。

看！大眼镜爷爷速度最快，处于领先的
位置。他回过头，从口袋里掏出一把东西，
往身后撒去！

呀，大鼻子爷爷和大脚丫爷爷的雪橇车突然变慢了。
这是怎么回事呢？

大鼻子爷爷定睛一看，发现雪地上出现了许多粗糙的小碎石。

　　前方，大眼镜爷爷一路狂奔。他得意扬扬地说："哈哈哈，给对手增加点阻力！"

　　幸好，裁判发现了大眼镜爷爷的伎俩。即使最先抵达终点，大眼镜爷爷依然被取消了比赛资格。

18

接下来，是大鼻子爷爷和大脚丫爷爷的角逐。

听着裁判的口令，他们俩重新出发。

雪地上，大鼻子爷爷的雪橇车就像被施了魔法一样，跑得可快了！

观众忍不住问大鼻子爷爷："你施了什么魔法？"

大鼻子爷爷说："我可没有魔法！我只是把雪橇车和雪地接触的地方擦得很光滑，这样能减少摩擦力。没有粗糙的东西阻碍前进，雪橇车自然可以跑得快。"

　　大脚丫爷爷眼看着就要输了。他心想：怎样才能让
雪橇车跑得更轻盈更快呢？

　　情急之下，大脚丫爷爷决定减轻雪橇车的重量。他
把大袋子里的礼物陆续扔了出去。

这招很管用！很快，大脚丫爷爷就赶超了大鼻子爷爷，首先到达终点。

"大脚丫爷爷，你竟然把礼物扔掉了，这样是犯规的。"裁判摆摆手说。

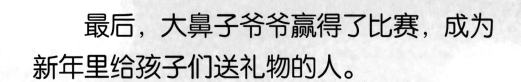

最后，大鼻子爷爷赢得了比赛，成为新年里给孩子们送礼物的人。

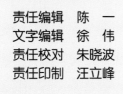

责任编辑　陈　一
文字编辑　徐　伟
责任校对　朱晓波
责任印制　汪立峰

项目设计　北视国

图书在版编目（CIP）数据

了解摩擦力：雪橇比赛谁第一 / 温会会文 ；曾平
绘 . -- 杭州 ：浙江摄影出版社，2022.8
（科学探秘·培养儿童科学基础素养）
ISBN 978-7-5514-4043-1

Ⅰ．①了… Ⅱ．①温… ②曾… Ⅲ．①摩擦力－儿童
读物 Ⅳ．① 0313.5-49

中国版本图书馆 CIP 数据核字（2022）第 126544 号

LIAOJIE MOCALI：XUEQIAO BISAI SHUI DIYI

了解摩擦力：雪橇比赛谁第一
（科学探秘·培养儿童科学基础素养）

温会会 / 文　曾平 / 绘

全国百佳图书出版单位
浙江摄影出版社出版发行
　　　　地址：杭州市体育场路 347 号
　　　　邮编：310006
　　　　电话：0571-85151082
　　　　网址：www.photo.zjcb.com
制版：北京北视国文化传媒有限公司
印刷：唐山富达印务有限公司
开本：889mm×1194mm　1/16
印张：2
2022 年 8 月第 1 版　　2022 年 8 月第 1 次印刷
ISBN 978-7-5514-4043-1
定价：39.80 元